꼬마탐정 차례로 빛의 산을 찾아라!

找回光之山鑽石

科學天才小偵探 1

徐海敬 서해경 著
崔善惠 최선혜 繪
吳佳音 譯

登場人物

車禮祿

羅迪博士的朋友、車博士的兒子。從小就被稱為科學天才，甚至在十二歲時是大學物理系及化學系的首席畢業生。任何事皆以科學的方式說明，有系統地整理及歸類會帶給他滿足感。

羅迪博士

文化遺產及人類學的專家。個性隨和不拘小節，但若被叫「羅單身」，則會展露出像失去理智般激動又細膩的一面。若非要說出他的缺點，大概會是髒亂、懶惰、很會睡、討厭小孩這些吧！

車博士

車禮祿的爸爸，舉世聞名的機器人科學家。但是和深陷於大自然魅力的太太一起奔向太平洋的無人島。

尹博士

車禮祿的媽媽，揚名國際的化學家。現在正全心教育著無法適應校園生活的車禮祿。

威廉

路米列・孔的兒子，跟著爸爸學習寶石的精細工業。

路米列・孔

英國貴族。在「王室寶物展」的展示中，擔任英國文化遺產的主要負責人。

尹導演

「王室寶物展」的展覽總監。他平實無華的穿著卻配著一點也不搭的華麗寶石。

目錄

1 羅迪博士和車禮祿的相遇

「鈴鈴鈴，鈴鈴鈴。」

電話響了。

凌亂的房子裡，羅迪躺在角落的沙發上睡覺。

他朝著桌子伸出手接起了電話，撥這通電話的人

正是羅迪博士所屬「老實人文化遺產學會」的洪會長。

「羅迪博士，下個月在濟州島開幕的世界文化遺產展示會，想邀請您以顧問的身分來參加。」

「什麼顧問……，我討厭聽那種可怕的話……我還想睡。」

說著說著，就把電話掛了。

「鈴鈴鈴，鈴鈴鈴。」電話又響了。這次還是洪會長打來的。

「別這樣嘛！可以代表我們『老實人文化遺產學會』……」

羅迪連話都沒聽完，就掛上了電話，一邊自言自語。

「就說不要去了。我現在超睏的。」

可是就在這個時候，電話又響了。鈴鈴鈴，鈴鈴鈴。

羅迪從沙發上彈起後坐著，手持著話筒大聲咆哮說：「就說我不要去了，我沒有要去。不管是當顧問還是當古董，絕對不去。咳咳咳……」

可能是因為突然喊叫的關係，便咳嗽起來。可是這次撥電話的人卻不是洪會長，羅迪覺得自己有點糗。

「啊哈哈哈！車博士，是你吧？我又……。」

「對啊，是我。羅博士，我們夫妻現在在無人島啦！」

「無人島？去無人島是為了……？」

「我們深陷於大自然的魅力啦！」

「你現在才看見大自然的美麗及偉大啊？說實在的，那段你只埋頭於化學的時光，真的很令人擔心。」

「總之，我們夫妻是一起來的，留兒子獨自一人。但是兒子還年幼，總不能讓他單獨一個人吧！」

「對啊！小孩是需要成人保護的！」

對啊！小孩是需要成人保護的！

「所以我兒子送去你那裡了，多少幫我照顧一下吧！」

「嗯，這裡……車博士……欸，車博士，那可不行啊！」

羅迪兩隻手抓著話筒大叫著，但只聽見電話傳來「嘟嘟嘟……」的聲音。

羅迪搖搖頭想要追回睡意，不，是想忘記剛剛的談

話。然而就在這個時候，門鈴響了。

叮咚！

「哪位呀？」

羅迪邊開門邊問著，門打開的瞬間，他的手下面咻的一聲，有東西突然跑進房子來。

「嗯？」

羅迪嚇一跳的看看後面，背著背包的車禮祿一手推著行李箱在房子裡東看西看。

叔叔，您是文化遺產專家羅迪博士嗎？
媽媽，這個叔叔看起來真的又髒又邋遢。

「家裡看起來好不衛生，這種環境可能會有很多的塵蟎呢！」

車禮祿推了推眼鏡並說著。

「你是……？」

羅迪從頭到腳打量了他一遍。

可是，車禮祿連羅迪的話都來不及聽完，便指著他問。

「您的鼻涕常常像這樣流個不停，噴嚏也打個不停吧！」

「是的。」

出乎意料的，羅迪竟然以敬語的方式回答。「我就知道一

定是這樣。」車禮祿喃喃自語的說著，又再次看著他說：「您的過敏症狀是鼻炎，比起藥物，應該要先維護家裡的整潔。現在請您馬上開始打掃，就從那個水槽裡面，堆疊的髒亂碗盤開始清洗吧！還有啊，廚餘是會引來蟑螂的。」車禮祿指著堆疊成山的盤子說。

「啊！好的。你剛剛說先從碗盤開始清洗對嗎？」

羅迪說完話，便快速向著水槽走去。在水槽裡接了一點水，從疊在最上面的盤子開始洗。羅迪在絲瓜布上擠了一些洗碗精

他看什麼？
炸醬麵、泡麵、披薩……原來您只吃速食啊！應該要吃以當季食材做成的餐點才對吧！

後，用力搓洗盤子，還因為力道太大而發出尖銳的摩擦聲。用力握緊絲瓜布，導致洗到手腕痛的時候，正好就要洗玻璃杯了。

就在此時，因為橡膠手套沾滿了泡泡，沒

辦法將杯子拿好而發出了「匡噹」的清脆聲響，玻璃杯破了。羅迪嚇了一跳，便向後退一步，並小心翼翼的將玻璃碎片撿到垃圾桶內，整理好後再回到水槽前，將手放入裝滿水的水槽中。

「啊！」

羅迪痛得大叫，並將兩隻手從水槽中伸出來，很快的把橡膠

嗚嗚，好痛喔！
清洗玻璃杯的時候，本來就要很小心。

手套脫下，左手食指血流不止。

「啊——啊——是血！血！」

一聽到他的哀鳴，車禮祿急忙過來。

「為什麼大叫呢？唉呀！我的媽啊！流血了！」

看到這樣，車禮祿飛快將自己的包包拿過來，並拿出迷你緊急救難包。

「擦了藥膏，再貼上ＯＫ繃後，傷口很快就會

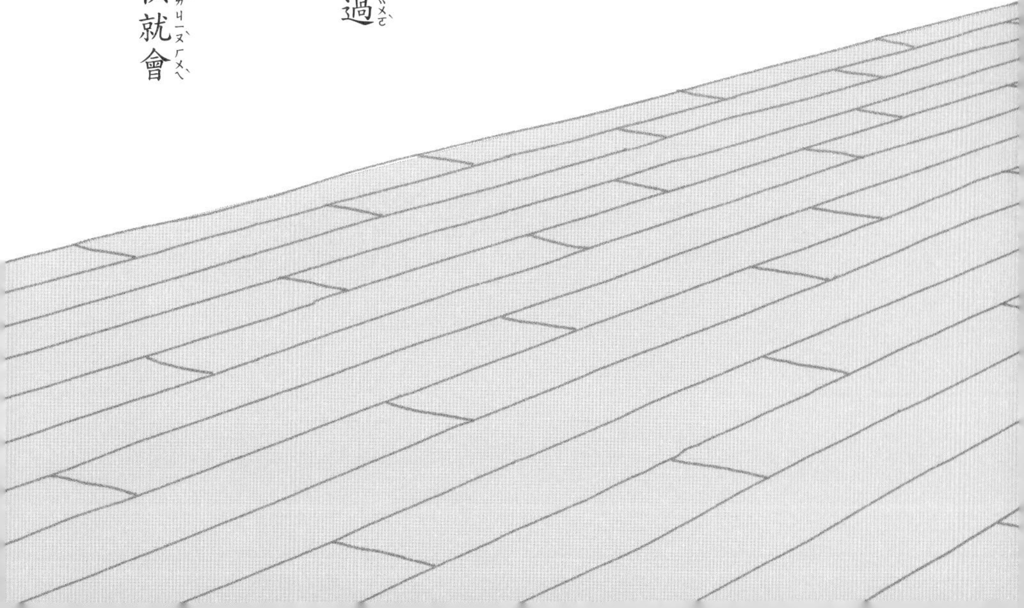

好了。」

「謝了！」

「不客氣，可是從這件事看來，博士好像不太謹慎……」

「我不知道水裡面有玻璃碎片啊！根本就看不到。」

「當然看不到，因為水和玻璃碎片都是透明的。不管如何，只有受一點傷，也真是不幸中的大幸了，以後要小心一點！」

「好！我會記得。」羅迪對車禮祿感到佩服。

車禮祿再次走到客廳，羅迪使用夾子將水槽的塞子拿開，讓

水流走。「咻——」聽著水流走的聲音，羅迪喃喃自語：「大學時，要表現給女朋友看才會打掃的，從那之後再也沒有整理過房子。結果我竟然在這邊洗碗，還割傷手指？我到底為什麼要洗碗啊？」

羅迪拿乾抹布擦去玻璃杯的水，突然非常生氣，抖動了肩膀。

「全都是那小子害的！對啊，就把那小子……」

羅迪瞪著正在整理桌上實驗用具的車禮祿，凶狠的笑了出來。

「當然要把他趕走了。」

羅迪快速的走向車禮祿。

「欸！小子！」

車禮祿把羅迪凌亂書桌上的那些物品，全用手掃進泡麵的箱子內。然後從旅行背包裡拿出酒精燈、各種不同大小的燒杯，以及其他的物品後，設立了一座小型實驗室。把酒精燈點上火，小心翼翼的開使做實驗。

「請安靜，現在要進行實驗了。來！碗全都洗完了吧？」

「嗯！洗得差不多了。」

羅迪看著車禮祿，客氣的回答。可是當他看著手上的抹布時，便對著他大吼。

「我為什麼要打掃啊？我是這個房子的主人！我說你呀，你才是應該拿著抹布把盤子擦乾的人吧！怎麼小朋友滿腦子只想著要玩啊！」

羅迪把手上的乾抹布朝著桌上一丟，乾抹布正好掉在酒精燈上。此時車禮祿正全神貫注的看著放在酒精燈旁的書，不以為意的回答。

「你說我在玩嗎？我的夢想是成為科學家。科學是為了全世界七十億人口而存在的。而且這個實驗不是遊戲，是為了開發新的物質而做的。博士懂的東西實在寥寥無幾啊！真是令人失望。我原本還期待羅博士會像我的父母一樣，為了人類的發展而努力、懂得很多知識……。」

「蛤？你說什麼？我懂的東西寥寥無幾？對，我就是無知。你這個聰明的人連基本禮儀也不知道吧？不懂對長輩要畢恭畢敬嗎？」

「房子的主人本來就應該要打掃，叫客人打掃對嗎？」

「你這小子真的是……」

羅迪因為憤怒而蹦、蹦、蹦大聲的跺著腳。但是車禮祿說的話實在是太正確，正確到令他無法反駁——真實到令他咬牙切齒。

這時電話鈴聲又響了。

羅迪接電話前對著車禮祿說：

「等我接完這個電話，準備跟你來個有深度的對話！」

打電話的人是車博士。

「不是啊，車博士。你是怎麼教育你兒子的啊？什麼善良的模範生？我說你啊，除了車禮祿以外是不是還有別的兒子啊？拜託這小子……。」

羅迪看了車禮祿一眼，在這個時候他因為震驚而大叫起來。

「啊……火啊！」

被丟到酒精燈上的抹布著火了，連窗簾和屋頂都著火了。

聽到羅迪叫喊，車禮祿看看四周，然後忽然尖叫起來。

「啊！媽媽送給我的科學書和實驗用具！」

車禮祿鎮定沉著的把書和實驗用具放到背包裡，在這短暫的幾秒鐘內，火苗燃燒得更猛烈。羅迪維持著拿電話的姿勢朝向門跑去，一邊對車禮祿大喊：「危險！快點出來！那個行為有多危險，你父母難道沒教你嗎？」

但是車禮祿一點也不在乎，已經收好的包包，打開又重新整理一次，還喃喃自語的說。

「急著收拾包包真是一團亂，要按順序再收一次了！」

失火的時候應該要逃生啊！很危險耶！車禮祿！

急著收拾包包真是一團亂，看來要按著順序再收一次了。
-300
-200
-100

「什麼？車博士？就是說啊，著火了啊！當然，我當然很快跑出家門逃生。什麼？我兒子？啊，你兒子？……」

逃出家門的羅迪依然將電話拿在耳朵旁，看看周圍。

「我沒看到你兒子耶！什麼？你問我他在哪？我要去看才會知道啊！好啦，先這樣。」

羅迪掛上電話跑回家裡看看，車禮祿周圍冒出黑煙，火苗燃燒著。

「車禮祿！快出來！把那些實驗用具放著出來了！」

羅迪在門外著急跺腳。

但是一如既往，車禮祿有條理且專注收拾著他的物品。好不容易按照順序，把書和實驗用具都收到包包，準備往外跑的時候，黑煙已讓他看不到前面的路。

「我看不到前面了。」車禮祿在濃煙中大喊著。

「啊，算了，就衝吧！」羅迪往房子裡跑了進去。

他被煙燻黑的臉上，充滿悲壯的神情，一手帶著車禮祿，一

就這樣燒個
精光了……
我的房子……

手握著電話，飛快的跑出來。車禮祿則是肩膀上背著背包，一隻手拿著很大的旅行箱。

鈴鈴鈴，鈴鈴鈴……

電話又響了，平常電話不太會響的，但是今天電話還真多啊！

羅迪像失去靈魂般接起電話。

「喔，嗯，喂。」現在他連話都說不好了。

電話那端傳來洪會長的聲音。

「我知道了，羅博士。在濟州島開幕的世界文化遺產展示會，我會派另一位……」

「老實人文化遺產學會」洪會長的話還沒說完，羅迪便雙手握緊電話說。

「我去！我一定會去！可是我有一個條件，就是我的行李會

很多。」

羅迪憂鬱的來回看著車禮祿，以及不停冒著黑煙的房子。

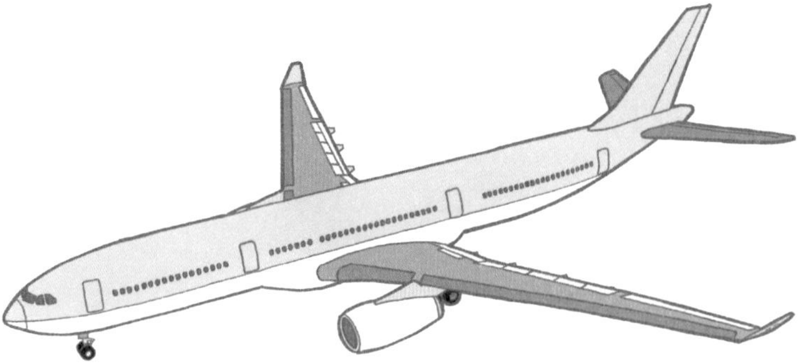

2 前往參加王室的寶物展

「啊……我真的很累。」

羅迪坐在飛機裡，像是把身體用力的丟到座位上，兩隻手抓著胸膛費力的咳起來……。

「羅迪博士，您平常都沒運動嗎？剛剛跑了

一趟，就喘成這樣。」

車禮祿平時掛在前額的瀏海，因為剛剛這樣跑，而有點往上揚。羅迪博士帶著有點嫌棄的表情問著：「什麼？是因為誰才會遲到啊？虧你包包整理了十二次，我們還差點趕不上飛機不是嗎！」

「您真是誇張，我包包不過才整理五次而已。包包沒有整理好，關不起來，我能怎麼辦？而且您這樣欺負我，包包裡面的泡菜會跑到哪裡去，我可不知道哦！」

「呃……」羅迪用頭撞前面的座位。

「討厭鬼，真不該把食物託他保管的。」

原來羅迪旅行的時候，總是會帶著媽媽醃製的泡菜。

「我沒有媽媽做的泡菜，沒辦法吃飯。我的臉雖然長得很國際化，但我的胃口可是很傳統的，非韓式料理我可是不吃的呢！」

「對了，車禮祿，你第一次搭飛機吧？飛機起飛的時候，耳朵可能會有耳鳴的症狀……」

「去年寒假的時候，我有跟爸爸一起去紐約，我們參加新一代玩具機器人機能實驗裝置的研討會。爸爸每次要去科學研討

會，或者哪裡有新的技術發表會，總是會帶著我一起去。」

車禮祿回答。

「暫時看不到爸爸媽媽了……」車禮祿越說聲音越小。

「你的爸爸媽媽一定會回來的！」羅迪安慰他。

「他們該不會把你寄放在我家，然後不回來吧？如果真是這樣的話，未免也給我太沉重的試煉了吧！」

羅迪邊說邊敲著自己的胸口安慰自己。

「我沒事的，爸爸媽媽不管在哪裡都是愛我的。」

打鼾聲
我跟爸爸媽媽
常常去旅行。

你去過紐約？

「這是當然的啊！」

羅迪點頭如搗蒜地說。

「對了，搭飛機的時候，耳朵好像堵住的原因跟您說明一下。

其實不只是搭飛機，在高處、經過隧道時，耳朵都會有這樣的感受，這是因為突然的氣壓改變。氣壓就是空氣的重量，雖然看不到，空氣卻充滿在我們的身邊。我們的上面也有空氣，這個空氣壓著我們的身體。

所以到了高的地方，我們頭上的空氣變少，空氣的重量，也

就是氣壓也變低了。這件事您是知道的吧，博士？」

「當，當然啦！在學校的時候，科學課有學過。」

「那就好，那您必定能夠理解我說的話。讓我繼續說，我們耳朵裡面有一個叫做耳咽管的東西，它能夠調節耳朵裡外的壓力平衡。假設氣壓突然變低，耳咽管來不及反應，就會塞住了，所以耳朵才會有堵住、疼痛的感覺，這只是一下子而已，不要擔心。但是如果痛的感覺沒有消失，還是要到耳鼻喉科，讓醫生看一下會比較好。」

「當然啊！不是有一句話說『診療讓醫生來，藥的問題交給藥師』嗎？」羅迪插嘴回應。

「耳朵堵住的時候，吞口水或者吃東西，讓嘴巴動一動會改善那樣的感覺。鼻子塞住時，輕輕的『哼』就可以改善，太用力的話，可能對耳朵不好，所以不推薦這個方法。」

車禮祿把科學雜誌放在眼睛上，頭也不抬的說。

羅迪瞠目結舌的聽著他說的話。

「一口氣說完這些話，哇……車博士，你的兒子到底是吃什

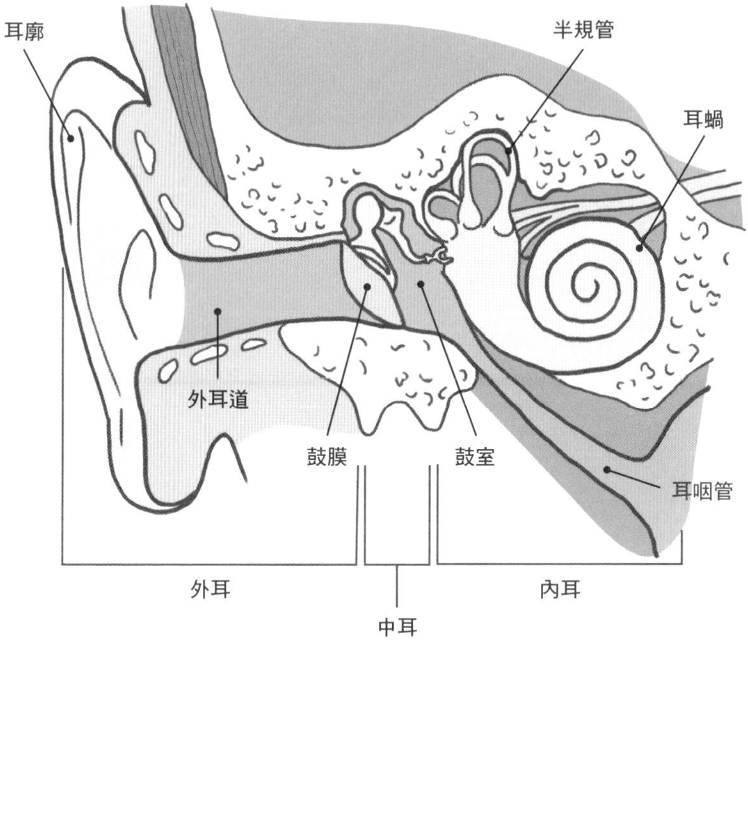
耳廓
半規管
耳蝸
外耳道
鼓膜
鼓室
耳咽管
外耳
內耳
中耳

麼長大的啊？」

羅迪用手把掉下來的下巴推回去，試著冷靜下來。

「羅博士，在濟州島開幕的世界文化遺產展示會，是什麼類型的文化遺產會被展示呢？文化遺產的種類不是很多嗎？」

「在濟州島開幕的世界文化遺產展示會，正式的名稱其實是『王室寶物展』，世界上許多國家的王室將會展示他們的寶物。」

「比如我們國家新羅時代的黃金嗎？很久以前皇室使用的物件之類的嗎？」

「舊的器具？並不是時間久了，就把舊的器具稱為文化遺產啦！你也真是素養不夠耶……老實說，文化遺產會隨著時間，成為更有價值的東西。現在還有很多國家有王的稱謂，離我們很近的日本也有，還有英國、泰國、沙烏地阿拉伯等等。」

「那些我知道，這個程度的知識，連幼兒園的小朋友都知道。如果是博士的話，應該要更專業的說明才對啊！您不知道應該怎麼說對吧！」

車禮祿無禮的插嘴，讓羅迪感到很焦慮，他真的很想從車禮

祿那裡得到尊敬的眼神。

「這次的展示，會有一顆非常有名的鑽石。它叫做光之山，意思是……」

「『光之山』的意思對吧！在印度比賈布爾（Bijapur）礦山被發掘的，據說一三〇四年就已經存在了。雖然只有雞蛋那麼大，但是它發光的樣子十分美麗，所以被稱為『光之山』。從前在印度還是英國殖民地的時候，獻上給女王的。現在被鑲嵌在女王的王冠上，但女王並沒有時常戴著鑲有光之山的王冠。大部分的時

間，它都和其他的寶物受著嚴密的保護，一起被保存在倫敦塔上。但如果是我的話，我會把那個鑽石賣了，將錢拿來開發治療罕見疾病的技術。說實在的，我對文化遺產或者寶物一點興趣也沒有。我跟博士在一起只有一個原因，那個原因就是……」

「對啊，那個原因就是你爸爸媽媽一起去無人島了。更具體的原因是把你送來給我，還沒有先跟我討論。」羅迪說著。

「那您就錯了，我為什麼會來找您呢？清醒一點吧！我爸爸要我來把您改造得乾淨一點、像個人一樣，這樣才娶得到老婆！」

「什麼？把我改造得像人？」

羅迪不知道該說什麼才好，哪裡還找得到比自己還像人的人？不僅按時吃飯、有充足的睡眠、喜怒哀樂表現分明，有時還會讀書、充實自己呢！除了自己以外還有別人嗎？

「對啊，其實我從很有名的大學得到國際級研究室的邀請，但是我爸爸要我好好跟您相處。」

聽了車禮祿的話，羅迪覺得荒唐至極。

「車博士，你到底為什麼要把你兒子介紹給我啊？」

羅迪沒有再跟他說什麼，但是他覺得該說點什麼話來打破這個沉默，所以馬上再次介紹自己研究的光之山。

「你竟然知道光之山！真是特別！但是光之山比你知道的還要神祕，是歷史沒有告訴你的。它還有個別名叫做『血鑽石』，如同名字一般，光之山其實是被血腥味圍繞的。而且還有傳聞說擁有它的人支配了世界，但是男人是不能擁有它的。」

「所以現在英國女王才擁有它嗎？因為女王是女生？」

「不是全部的傳聞都要相信啦，但是相信的人還是有。」

羅迪像是要證明自己是博士一般，清清楚楚描述自己知道的事情。

「我突然覺得自己有義務，要將光之山和文

化遺產的事情正確的跟你說。我雖然是絕不會免費幫別人上課的，但是這次就算了，我就在飛機裡講授這個特別的題材吧！

「車禮祿，現在總算知道我是個傑出的博士了吧！我就把知道的淵博知

識說給你聽吧！」

羅迪已經開始想像，車禮祿用充滿敬佩的仰慕眼神，看著他的樣子了。

「光之山有一段血染的歷史，有一位名叫巴卑爾的皇帝，他建立了強大的蒙兀兒帝國，但是他得到光之山還沒滿四年就死了。以建造泰姬瑪哈陵而聞名的沙賈汗皇帝，也獨自在監獄裡死去。不僅如此，使蒙兀兒帝國亡國、還搶走光之山的波斯國王納

迪爾沙也突然死亡。在那之後為了占有光之山，掀起了幾場腥風血雨的戰爭，兄弟之間互相殘殺，連身為皇帝也為了得到光之山，用盡千方百計呢！而現在就如你所說，裝飾在英國女王的王冠上。怎麼樣啊，現在我稱得上是一位博士了吧！」

羅迪兩手插腰，洋洋得意的笑了，可是他旁邊卻傳來規律的呼吸聲。

「欸！車禮祿！聽我這樣的分享竟然睡著了啊？你這小子，精采的地方要睜亮眼睛啊！算了，就算你把眼屎清乾淨了，也看

不清楚啊！」

羅迪喝下沒氣的汽水，試著安慰自己焦躁不安的心，靠著頭沉沉的睡著了。但此時飛機已經抵達濟州機場，該準備下飛機了。

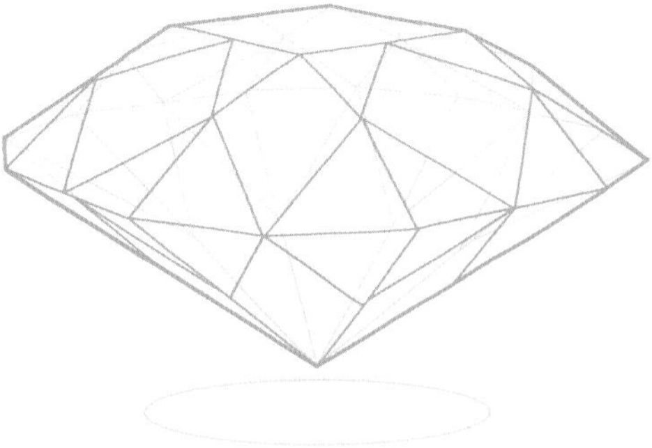

3 光之山鑽石不翼而飛了

剛抵達機場，展示會總監尹七鋒就看到羅迪及車禮祿。

「大駕光臨！來，請上車。」尹七鋒趕緊招呼他們上車。

「博士，搭一個小時飛機，應該還不至於太累吧？馬上工作沒問題吧？」

「那就開始工作吧，是否有什麼問題？」

「其實這次『王室寶物展』中，最重要的文化遺產是英國女王的王冠，這件事相信您是知道的。特別的是王冠上鑲著光之山，所以這就是問題所在。」尹七鋒邊開著車，邊說著。

「光之山神不知鬼不覺的消失了，原本應該鑲有光之山的地方，現在被放上廉價的人造寶石。」

「光之山消失了？誰把它拿走了？」羅迪驚訝的問著。

「就是因為不知道，所以才是問題啊！」車禮祿冷靜的替尹七鋒回答。

「我們先見見從英國帶著光之山來的路米列．孔吧！他是主要負責人。」

離開濟州國際機場已經超過三十分鐘，三個人抵達「王室寶物展」參加人員下榻的長春飯店。羅迪和車禮祿還沒把行李拿到房間，就馬上和路米列．孔開始進行會談。

路米列·孔在餵魚缸裡的魚時，看到了他們。他拄著長拐杖，慢步向前走來，這時羅迪三步併作兩步上前扶著他的手臂。

「歡迎您大駕光臨，羅迪博士。能夠見到如此有名的博士，深感榮幸！」

「喔？啊……我確實小有名氣啦！」羅迪搔搔頭笑了出來。

看到這樣的羅迪，車禮祿搖搖頭。

「在過來的路上大致聽尹總監說了，那珍貴的光之山竟然消失了？」

「就是說啊！忙著處理這件事，而必須把意義深遠的展示會先擱在一邊，真的很無奈。」

「先別忙著談天了，請詳細跟我們說，關於光之山消失的事情吧！」

羅迪坐在路米列．孔的旁邊說。

車禮祿在羅迪的旁邊坐下來，仔細端詳著路米列．孔。他是一個將自己的白髮整齊梳理好的老人，連東西不見都這麼沉著冷靜。

接著車禮祿也從頭到腳打量了尹七鋒，他搓著兩隻手，焦慮不安的在房裡走來走去。手指上戴著黑色的鑽石戒指，手腕上戴

著粗重的金錶，領口的鑽石項鍊還閃閃發光著！尹總監雖然穿著一身樸素的衣服，卻用華麗的寶石裝飾自己呢！

車禮祿繼續來回環顧房間，紅色的絲綢壁紙上，有著以金色、青綠色和黑色的線條畫成的花，真是令人印象深刻的房間。而另一邊則是路米列．孔從英國帶來的魚缸。

魚缸底部的沙子上，鋪著白色的鵝卵石，水草輕柔的在水中搖動著，製氧機產生的氧氣泡泡啵啵啵的向上浮。魚缸裡，發光的霓虹燈魚和藍橘條紋相間的紅紋毛足鱸，悠閒的游來游去。

光之山沒有
一點跡象的
就消失了。
事件來了！

展示會開始前，
一定要找到它。
請仔細的跟我説
説事情的經過。

泰國鬥魚
魚缸。
真是漂亮的魚缸耶！

「你喜歡觀賞魚嗎？我的興趣是養觀賞魚，所以不管到哪裡都帶在身邊。」

看著車禮祿的路米列．孔說。

「那隻是泰國鬥魚吧？」

車禮祿指著一隻尾鰭大且正在搖擺的魚問。

「聽說是這樣，尾巴像孔雀開屏一樣大又美吧？」

「嗯……可是……」

車禮祿回答到一半，突然門被打開，一名金髮年輕男子走了進來。

「爸爸，怎麼一回事啊？光之山消失了？」

年輕男子慌張的詢問。

「威廉，應該先跟客人打聲招呼吧？就算有再大的事情，都不應該沒有禮貌的。」

路米列·孔責備威廉，雖然是又低又小的聲音，卻不同於和羅迪講話時那樣親切，這時威廉才勉強的向他們點了點頭。

「這是我的獨生子——威廉，跟著我學習寶石設計的產業。」

路米列·孔替他的兒子做了自我介紹。

「請回答我的問題，現在我應該怎麼辦？」

「只好和這兩位一起找了，若是無計可施的話就要報警，然後向英國那邊回報。」

「那，那可不行。」威廉急忙的高聲回答。

「絕對不能跟其他人說光之山不見了，現在也不能說。現在我們什麼都不知道，也不確定到底是不是不見了。」

「很確定，它就是不見了。」

「那要怎麼辦？我們昨天晚上好不容易到這裡！而且爸爸和我都待在這裡，寸步不離，不是嗎？連飯都在這裡吃呢！」

「你不是出去講了幾次電話嗎？我早上也出去散步了。」

「但是沒有兩個人同時出去過啊！到底是怎麼一回事啊？」

威廉跌坐在沙發上，兩隻手摀著臉。

車禮祿看著他想。

「如果有人問絕望的表情是什麼，那應該就是這樣了吧！」

怎麼會這樣？

「好奇怪，真的很奇怪！」羅迪說。

羅迪、車禮祿、尹七鋒一起離開路米列·孔的房間，回到羅迪和車禮祿住的房間。

「不知道該不該這樣跟你說，但是我很懷疑那對父子，因為他們是最後看到光之山的人啊！昨天在濟州國際機場，我和保鑣接到他們兩人，在來飯店的車上，我們一起確認過了。光之山被保鑣森嚴的戒備護送到飯店，甚至送到路米列·孔的房間，他們

三人也都有再確認一次。不對，是確認鑲著光之山的王冠。」

「嗯……」

「可是今天早上，路米列．孔卻打電話告訴我，光之山不見了，還說現在王冠上鑲著的是人造寶石。」

「嗯……」

「我跟英國那邊的朋友打聽了一下，聽說最近路米列．孔手頭有點緊。他欠了很多錢，所以那些討債的人把他折磨得半死。」

「嗯……」

羅迪什麼話都沒有回答。

「他是個光明磊落又重視名譽的人，看起來不像是會為了債務，而竊取自己國家寶物。」

車禮祿替羅迪向尹七鋒回答。

「那他兒子呢？他兒子跟著他一路到這裡，不也很奇怪嗎？雖然這也是我從英國朋友那裡聽來的啦……威廉沉迷於賭博，如果是真的話，不也需要很多錢嗎？」

「嗯……」

「羅迪博士，您有在聽我說話吧？別一直回答『嗯』嘛……請想一想那兩個人有沒有什麼異常。」

尹七鋒鬱悶的拍著胸脯。

但是羅迪什麼話也沒有說，因為他誰也不想懷疑。

「有跟飯店保全負責人確認過了嗎？」車禮祿向尹七鋒詢問。

保全負責人前來回覆。

「聽到光之山不見的事情，我們的保全已經確認過所有的監

視器畫面。時間是從昨天路米列・孔一行人到達我們飯店之後，到早上十點收到光之山不見的消息為止。可是存放光之山的房間，只有三個人進出，那就是路米列・孔和他兒子，還有這位尹七鋒先生而已。」

「那個房間有調查過了嗎？剛剛不只那個房間，路米列・孔還請求我們搜查他的身體。可是不管怎麼找，就是找不到那顆鑽石。」

「他兒子也連帶搜查了嗎？」尹七鋒問。

「他兒子還沒耶……我們保全要去搜查的時候，他說要接一通重要的電話，所以從房間出去了。」

「我的天啊！一到濟州島就這麼暈頭轉向。尹總監，不好意思，我連早餐都還沒吃，腦袋沒辦法清楚的運轉。現在稍微掌握了事情的原委，我們先吃午餐再回來討論吧！」

羅迪按著太陽穴提議。

「博士，您怎麼看待這件事呢？」

「聽說濟州的黑豬肉好吃的不得了。」

放一片炒豬肉在生菜上，羅迪已經垂涎三尺了。

「你說什麼？」

「你看那裡！坐在那裡的印度紳士們在偷瞄我們，對吧？應該是跟我們點一樣的餐吧！印度教徒雖然不吃牛肉，但這個好吃的豬肉應該會吃，幸好他們還有這樣的口福。」

羅迪說的是坐在餐廳一角的印度人，他們當中有一人繼續有意無意的看著車禮祿和羅迪，其他人則是在講電話。

「那些人已經吃完飯在享用飯後咖啡了耶！而且現在吃東西

重要嗎？還有案件要處理呢！案件！光之山失竊的案件！」

「噓！」

羅迪摀住車禮祿的嘴巴並左右張望，濟州是國際自由城市，但是看起來不尋常的外國人，卻也挺多的。

「車禮祿，這次的案件有多重大，你不知道吧？象徵著英國女王的王冠，上面的光之山不見了。這件事會造成我們國家和英國很大的外交問題，萬一真的找不回來……喔……光是用想的就令人害怕。」

偷瞄
光之山不見，
還吃得下啊？

嚼食的
聲音
親愛的濟州
黑豬肉。
放進嘴巴就
融化了耶！

「所以有人把……」

車禮祿看見羅迪感到困擾，加上他大聲的講那些話。當他意識過來自己的行為後，馬上降低音量並將自己要講的話講完。

「在別人知道這件事之前，我們來把它找回來吧！」

「嗯？用什麼方法？我是人類學文化遺產的專家，不是警探，處理這種竊盜事件的專家另有其人。」

「喔，羅博士對文化遺產毫不關心對吧？我，就是我，我是文化遺產保護模範生一號。我是第一個！我們國家尋找並保護文

化遺產的市民自發性的誕生了。」

「喔，看來你只保護我們國家的文化遺產？」

「好啊！全世界……就讓你瞧瞧不僅全人類的歷史，甚至是宇宙中墜落的隕石，我都很愛惜呢！現在就開始來找光之山吧！」

羅迪興奮的從位置上站起來。

可是車禮祿急忙的抓住羅迪，導致椅子向後翻倒，羅迪一屁股跌坐在地上。

「欸！你這小子，現在是在做什麼啊？」

「等等。」

車禮祿把身體藏在桌子下面。

「博士，請來這裡……」

聽不懂英文的羅迪，跟著車禮祿躲進餐桌下。

「你在做什麼啊？」

「你看那裡！」

車禮祿指著某個地方。

不好意思，因為
發生了一點事。
為什麼這麼
晚到呢？

羅迪蹲在椅子旁邊，只露出一張臉望向車禮祿指的地方。

「你看那些印度人，就是剛剛瞄我們的那些人。」

「嗯，可是現在又多了一個人加入他們不是嗎？是我們認識的人呢！」

「原來如此，咦？那個人不是路米列·孔的兒子嗎？」

威廉坐了下來，跟三位印度人交談，同時不停的左右巡視。

「威廉跟那些印度人在講些什麼啊？」

「我當然不知道啊，但是為了展示會而來的威廉是和朋友們

一起來的嗎？我曾在報紙上看到，印度正要求英國必須歸還光之山。」

羅迪聽了他的話，點點頭。

「喔，是嗎？好像找到線索了。到底是誰把光之山偷走的，現在就把他找出來吧！」

車禮祿的推理筆記

嫌疑犯 1
路米列．孔

重大的寶物光之山不見了，

神情完全不慌張。

是保管光之山最長時間的人。

嫌疑犯 2
威廉

和爸爸相反，若無其事地對光之山的消失感到興奮。
和想重新得到光之山的印度人，看起來在連絡某些事情。

嫌疑犯 3
尹七鋒總監

樸素的穿著，
卻配戴一點也不搭的華麗寶石。
尹總監雖然多有錢，
但是擁有那些寶石還是有點怪。

4 尋找光之山鑽石的下落

「路米列．孔先生、威廉先生，不好意思！可以請兩位配合再次搜身嗎？並不是因為懷疑您們，而是根據您們的自白，要將您們從嫌疑對象的名單中去除。」

飯店保全負責人這樣說。

在路米列・孔的房裡，路米列・孔和他的兒子威廉、尹七鋒，還有羅迪和車禮祿、飯店保全負責人齊聚一堂。

「當然，我和我兒子會無條件配合案件的調查。」

「羅博士，尹七鋒總監也需要調查不是嗎？他不也看到光之山了嗎？而且他穿的衣服和皮鞋也很老舊，但是卻用華麗的寶石裝扮，有點奇怪耶！」

車禮祿在羅迪旁邊喃喃自語。

「喔！原來如此，全身被輝煌燦爛的寶石圍繞著呢！」

羅迪這才仔細端詳尹七鋒並自言自語。

「尹總監，你也要被搜身呢！你也是看到光之山的其中一人啊！」

「什麼？現在是在懷疑我嗎？」

尹七鋒的臉漸漸紅了。

「對，除了我和爸爸，你也有看到光之山呢！」

威廉激動的指著尹七鋒。

「即使英國王室已經拒絕了幾次，尹總監仍堅持一定要展示光之山，對吧？尹總監，為什麼如此堅持要展示光之山呢？你不就是對它有貪心的一面嗎？」

「你說什麼？」尹七鋒氣得走向威廉。

「請冷靜一點，尹總監。」路米列·孔站在威廉及尹總監之間。

「威廉，還不趕快跟尹總監道歉！隨隨便便懷疑一個人對嗎？我是這樣教你的嗎？」

我不是
犯人！
這人真是！
冷靜啊！
真可怕……
什麼時候才
要搜身呢？

威廉！
那個人也很可疑啊！
現在不是吵架的時候……

路米列・孔責備著威廉，但是威廉仍然懷疑的瞪著尹七鋒。

「不會是尹總監的，尹總監跟光之山在一起的時候，我們父子也都跟他在一起。」

路米列・孔對羅迪說。

「好，他這樣懷疑我，我也一起接受搜身，請仔細的調查我吧！」尹七鋒走向羅迪伸出雙手。

最後羅迪對尹七鋒、路米列・孔及威廉搜身檢查，飯店保全負責人也替三人再做一次檢查。

三人的包包都翻遍了，但是卻沒看見光之山的蹤影。

「請看看那個，那邊怎麼會有個潔白的東西呢？看了還不知道光之山已經消失呢！」尹七鋒很沮喪。

「剛剛不是說了嗎？你們懷疑我不會改變任何現況，應該要相信我的啊！」

羅迪難為情的搔搔頭。

「博士，這個房間也該重新調查吧？」

車禮祿再次偷偷的向羅迪說。

「嗯，這次該輪到搜查這間房間了，大家請往房外移動，尹總監的房間也請搜索一次，這樣才公平。」

大家聽了他的話，紛紛往房間外移動。

「車禮祿，現在沒有美國時間在那邊看魚。」

羅迪向著車禮祿小碎步的跑過去。

「看著魚群悠游的模樣，我的腦袋也隨著牠們舞動呢！」

車禮祿連眼都沒眨一下，看著魚缸裡的魚回答著。

「我現在極度的不安，這樣無緣無故的插手卻找不到光之

山，好像反而會讓英國紳士及尹總監被羞辱。」

「不會這樣的，我已經知道光之山在哪裡了，現在只差要找出犯人而已了。」

「真的嗎？真的找到了？在哪裡？別提『光之山』了，我眼裡甚至連漢拏山也沒看到。」

「您不正看著它嗎？」

「什麼？我正看著它？」

「對啊，博士。您把手伸到魚缸裡看看，一直伸到魚缸底。」

爸爸媽媽，我知道誰是犯人了。我會把「光之山」找出來，解決這個案件的。

羅迪博士把手伸到魚缸裡，在那裡又摸又找。

「喔！喔！喔！喔！」羅迪博士的聲音越來越大。

「我說的對吧？那個就是光之山。」

看著羅迪因為驚訝而睜大的眼睛，還有張大的嘴巴，車禮祿笑了出來。

「王室寶物展」終於落幕了。

尹七鋒、路米列·孔和羅迪、車禮祿，盯著看展示在被防彈玻璃罩住的英國王冠。

喔！喔！喔！
為什麼把手放
到魚缸裡啊！
在做什麼啊！

王冠上的光之山鑽石，正發出燦爛的光芒。

「羅博士，托您的福，展示會才得以如期進

車禮祿真是一位厲害的小偵探。
是我找到的「光之山」，真的好美呀！

行，由衷的感謝您。」

尹七鋒向羅迪博士致意，表示自己的感激之情。

「呵呵呵，我本來就很有本事啊！你也知道的。」

「哈哈哈，就是說啊！對了，聽說您馬上要回英國了？下次的展示會，也請您向我們介紹英國著名的文化遺產，祝您回程平安。」

尹七鋒向路米列·孔致上謝意後，因還要替展示會做結尾而離開了。

看著尹七鋒離去的背影，路米列．孔輪流看了羅迪和車禮祿，然後伸出雙手握住羅迪。

「真心的向您獻上感謝。」

「哎呀！別這樣啦！」

因為路米列．孔的舉動，羅迪抓了抓頭。

「我只是做我該做的，我知道羅博士是怎麼找到光之山的，可是不論如何，您沒有向任何人透露。托您的福，我們的家族名譽和英國珍貴的寶物才得以守住，英國和韓國之間的和平也得以

被守護，由衷的再次向您獻上無限的謝意。」

路米列．孔深深的一鞠躬。

「請您別這樣，我真的什麼都沒有做。」

羅迪不知道該怎麼辦才好。

「我一定會邀請您到英國的，也會向您介紹，還沒向其他國家展示的珍貴的文化遺產。車禮祿，你也一起來吧！」

路米列．孔抓住羅迪及車禮祿的手說。

「讓我們看文化遺產，也請我和車禮祿吃些好吃的吧！呵呵

呵……」

「祝您旅途平安。」

「那我就先告辭了。」

路米列．孔接受了羅迪和車禮祿的道別，搭上車了。那時，威廉跑了過來。

「喔，威廉，你也是喔！小心慢走。」

羅迪向威廉伸出手，想跟他道別，但是威廉推開他的手，慌張的上車了。威廉一上車，車子便駛向機場了。

「真的是連道別也沒有禮貌呢！」

羅迪一個人嘀咕著，接著那幾位印度人跑過來，還把羅迪撞倒在地上。

「哎呀！這次又怎麼了？」

那些印度人連看都沒看羅迪一眼，只是一直追著路米列·孔和威廉搭的車，還一邊大叫著。

「什麼！已經搭上車走了？」

車禮祿看著他們搖搖頭。

「說吧！你是怎麼知道的？」羅迪拍了拍車禮祿的肩膀問。

「什麼？」

「別裝了，我在問你光之山，你怎麼知道路米列·孔把它藏起來了？」

「在去吃濟州黑豬肉以前，我絕對不會跟您說的。」

「什麼？那個等等就會買給你吃啦！快點跟我說，關於那個竊盜案件的事，我很好奇連覺都沒有睡，看看我這蒼白的臉。」

羅迪摀著自己的臉。

「好啦！路米列·孔很可疑的原因，全是因為那些觀賞魚。那些魚當中有一隻是鬥魚，那種魚個性凶猛，根本不會把牠跟其他的魚養在一起，這是養魚的基本常識。但是他喜歡觀賞魚，而把魚缸和那些魚特別從英國帶來，怎麼可能不知道這種常識呢？所以我就認為那個魚缸有什麼祕密。再者，光線若是通過放在水中的鑽石，鑽石就會被隱匿。」

「喔，原來如此。我也是現在聽你說才想到，之前曾因為沒有看到水裡的玻璃碎片而割到手。」

「對，他介紹兒子的時候，還說他兒子會設計寶石，而且也會做寶石精工。路米列·孔也很會處理寶石，把王冠上真的光之山拿下來、假的人工寶石鑲上去，對他來說根本是小菜一碟。」

「對啊！可是為什麼到最後都不揭穿他的真面目呢？」

「因為路米列·孔是為了守護光之山，真正要把它偷走的人是威廉。威廉不是一直為了接電話而走出去嗎？一定是要賣給那些我們在餐廳看到的印度人。新聞也有報導，印度和巴基斯坦一直要求英國當局把光之山還給他們。英國殖民印度時，就把光之

山搶走了。」

「原來如此！所以威廉才會在展示會開始時，為了要躲那些印度人而一直躲在我們的房間。展示會開始以前，路米列．孔說，他在找光之山，所以那些印度人連把『光之山』偷走的時間也沒有。」

「我懂了！原來光之山收藏在倫敦塔上時，威廉壓根兒沒辦法偷走它。所以計畫趁這次展示把它偷走，而這件事被身為父親的路米列．孔發現了。」

「喔！原來是這麼一回事。所以路米列・孔才會搶在他兒子以前，先把光之山藏起來，然後他兒子就沒辦法把它偷走，對吧！」

「對，就是這樣！」車禮祿點點頭。

「其實路米列・孔也知道我們在找光之山。」

「對啊！」

「而且，路米列・孔還認為是我找到光之山。你怎麼沒跟他說實話呢？應該要跟他說『不是博士，是我，車禮祿找到的！』

這樣才對吧？」羅迪問。

「誰找到的重要嗎？我媽媽曾經說『你把自己該做的事做了就好』，沒有必要得到別人的稱讚！」

「哇！真的是你媽媽會說的話呢！」

羅迪點點頭，笑了出來。

「而且，大人們不太相信小朋友的話啊！年紀還小，能做的事情很有限。就算跟他說是我找到的，估計他也不會信吧！」

「就算這樣……」

「托您的福，路米列・孔還邀請我們去英國不是嗎？我得到這樣的結果就滿足了。」

「嗯……一開始我就覺得你很特別。我原來覺得，你只是假裝什麼都會而已呢！」

羅迪稱讚著車禮祿。

「我是很特別的，總是在思考而且很慎重。我也沒有假裝什麼都會，我是真的什麼都會，跟您不一樣。」

車禮祿把滑下鼻梁的眼鏡向上推。

「唉呀！算了。收回剛剛的讚美，牛果然牽到北京還是牛！」

羅迪搖搖頭。

這時候在遠處，有一個男人拖著載滿箱子的推車來找他們。

「您是羅迪博士吧？」

「是的，我是羅迪。」

「請在這裡簽上您的名字。」

那個男人把資料遞給羅迪，等他簽了名後又問車禮祿。

「你是車禮祿吧？」

「對。」

「你也在這裡寫上你的名字。」

車禮祿也在男人遞上的資料上簽名了。

於是那個男人便把推車上偌大無比的箱子，給了羅迪和車禮祿後離開了。

「是快遞耶！」

箱子上的收件人寫著他們兩人的名字，可是寄貨人的名字卻是一樣的——車技術，就是車禮祿的爸爸呀！

「我爸爸？」

「車博士？」

羅迪和車禮祿對看了一眼。

箱子附上一張紙條：「這是為了兩人的需要而做的發明，無論如何不能丟。」

「嗯……這些東西是爸爸發明的裝置：順風耳、千里眼、不透明的保溫斗篷、骨頭手指等等。」

小偵探，什麼包裏這麼大啊？沒有好吃的餅乾嗎？
怎麼有種不祥的預感。
羅迪
010-XXX-XXXX
是爸爸寄來的。
好高

車禮祿邊看著寄給自己的箱子邊說。

「不是透明的斗篷，不透明的斗篷是什麼啊？我看你爸爸也不是什麼世界聞名的機器人博士啦！是世界級的奇葩吧？這種東西到底可以用在什麼地方啊？」

羅迪搖搖頭，順道打開自己的箱子。

「這是什麼啊？」

羅迪看著箱子裡的東西愣住了。

他問車禮祿。

「咦？它是『碎念十三號』耶，勢必又要代替媽媽緊追在後碎碎念吧！從我出生開始，每年我的生日都做像碎念一號、二號的機器人般的禮物給我……」直到去年，還給我一個碎念十二號讓它跟著我呢！

「什麼？光用兩個耳朵聽你嘮叨都已經不夠用了，現在連機器人講的那些話也都要聽？這個快遞真的收得太不對了。」

羅迪邊蓋起箱子邊說，但箱子裡卻傳來聲音。

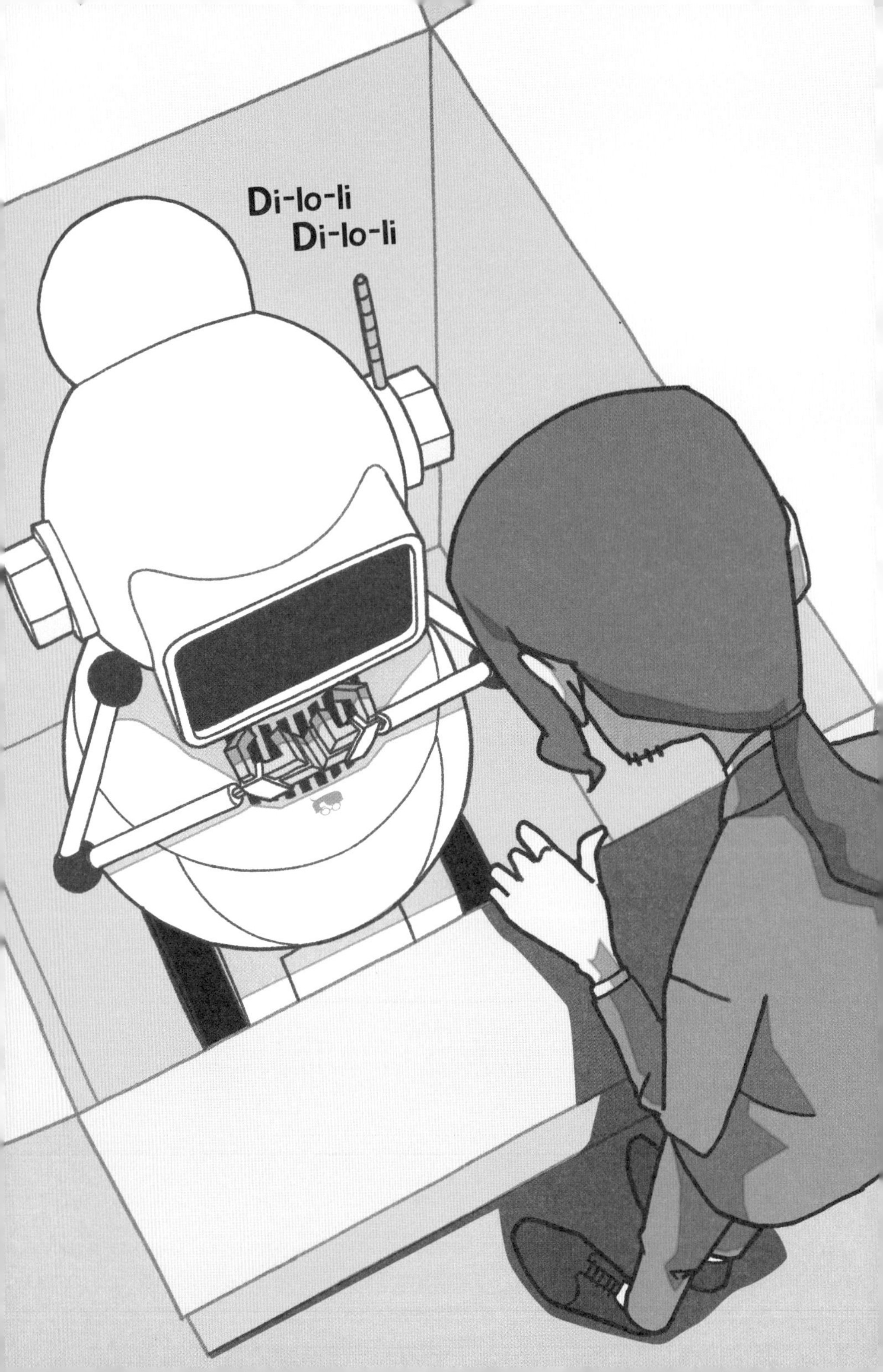
Di-lo-li
Di-lo-li

「怎麼會是嘮叨呢？一切都是媽媽高如天、深如海的愛呀！快把我打開！」

「啊！是我媽媽的聲音耶！」

「我爸爸把媽媽的聲音輸入了，唉呀！跟碎念十三號講反話一定沒有用了，它就像媽媽一樣看透我的心。」

車禮祿從快遞箱子裡，把碎念十三號拿出來。

碎念十三號的臉是圓的，和平平的臉不同的是，圓鼓鼓的身體上掛著像鐵鍊一樣的齒輪。

碎念十三號螢幕亮的時候，會顯示線條構成的笑臉呢！

「未來的日子，博士就拜託你了。」車禮祿說。

「當然！我，碎念十三號不管什麼時候，只要是為了羅迪博士好，一定會提出充滿愛意的忠告，啟動！」碎念十三號說。

「羅博士，對年幼的孩子來說，不能給他太沉重的行李，請您趕緊幫車禮祿背他的包包和旅行背包。還有啊，運動鞋沾上土了，請把土拍一拍，拍完了再穿上，然後請不要皺眉頭，看起來很醜。對了……」

「啊！好吵喔！好煩喔！」

羅迪舉起兩隻手飛快的跑走了。

「危險，危險！羅博士，請不要在馬路上奔跑……」

碎念十三號一邊繼續說出它充滿愛意的忠告，一邊追著羅迪跑。

看著羅迪和碎念十三號，車禮祿笑了出來。

「呵呵呵呵，看來往後和博士一起相處的日子，是越來越有

趣了。博士！我們一起走吧！」

車禮祿也向羅迪博士和碎念十三號跑了過去。

小偵探車禮祿，
請攔住它吧！
不要跟著我！
好討厭喔！

長春
博士！

車禮祿解開謎團
最關鍵的科學知識

我能找到光之山，是因為擁有豐富的科學知識。現在讓我來告訴你吧！

眾所皆知，光之山在魚缸裡面，就是在水中的意思，對吧？

人們為什麼找不到在水中的光之山呢？因為光之山是鑽石，它在水中是看不到的。那為什麼在水中的鑽石不會被看到呢？很好奇這個原理吧？因為水和鑽石都是透明的，透明的意思是不會反射光，光可以直接穿過它。

我們可以看見物體是因為有光。換句話說，能看到東西是因為光線接觸到物體時，物體反射了光線。我們的眼睛看到了反射的光，以為是看到了那個東西。

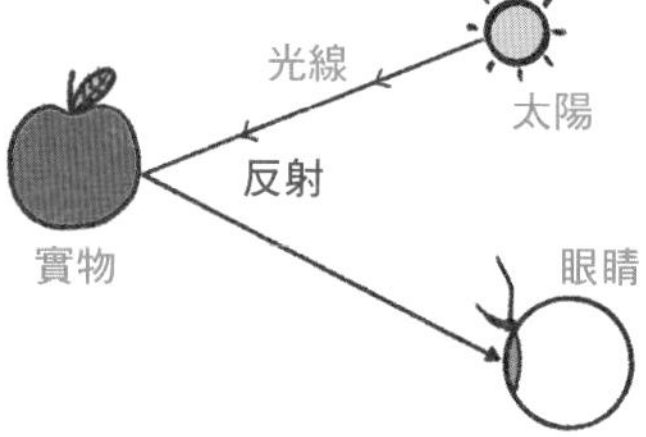

太陽

實物

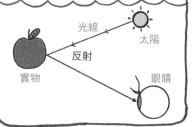

鑽石放在魚缸裡是看不到的。

放置於印度威爾斯王子博物館的光之山複製品。

英國伊莉莎白女王的王冠上，鑲嵌著光之山鑽石。

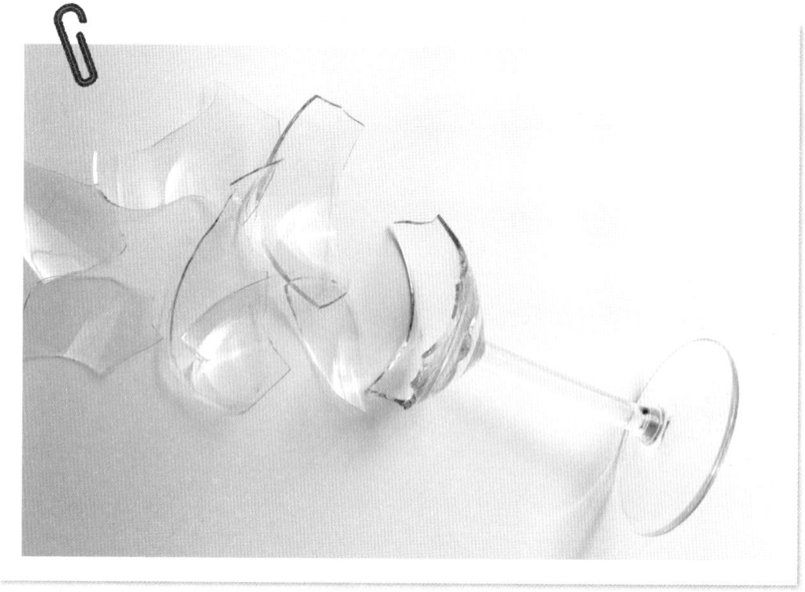

破掉的玻璃是危險的。

羅迪博士因為沒有看到水中的玻璃碎片而被割傷。玻璃跟鑽石一樣都是透明的，光線可以直接通過，所以會看不到。
果然了不起！

故事館 019

科學天才小偵探1：找回光之山鑽石

꼬마탐정 차례로 빛의 산을 찾아라!

作　者	徐海敬 서해경
繪　者	崔善惠 최선혜
譯　者	吳佳音
語文審訂	張銀盛（臺灣師大國文碩士）
責任編輯	李愛芳
封面設計	張天薪
內頁排版	連紫吟・曹任華

出版發行	采實文化事業股份有限公司
童書行銷	張惠屏・侯宜廷・林佩琪・張怡潔
業務發行	張世明・林踏欣・林坤蓉・王貞玉
國際版權	鄒欣穎・施維真・王盈潔
印務採購	曾玉霞・謝素琴
會計行政	許俽瑀・李韶婉・張婕莛
法律顧問	第一國際法律事務所　余淑杏律師
電子信箱	acme@acmebook.com.tw
采實官網	www.acmebook.com.tw
采實文化粉絲團	www.facebook.com/acmebook01
采實童書FB	www.facebook.com/acmestory

I S B N	978-626-349-253-0
定　價	320元
初版一刷	2023年5月
劃撥帳號	50148859
劃撥戶名	采實文化事業股份有限公司
	104台北市中山區南京東路二段95號9樓
	電話：(02)2511-9798　傳真：(02)2571-3298

國家圖書館出版品預行編目資料

科學天才小偵探. 1, 找回光之山鑽石 / 徐海敬作 ; 崔善惠繪 ; 吳佳音譯 .-- 初版 .-- 臺北市 : 采實文化事業股份有限公司 ,2023.05

144 面 ; 14.8×21 公分 .-- (故事館 ; 19)

譯自 : 꼬마탐정 차례로 빛의 산을 찾아라 !

ISBN 978-626-349-253-0(平裝)

307.9　　112003542

采實出版集團
ACME PUBLISHING GROUP